黄林莺的迁徙之旅

［美］斯科特·魏登索 著

［美］南希·莱恩 绘

马灏 译

- ■ 夏季栖息地
- ■ 迁徙途中的停留地
- ■ 全年出没的地区
- ■ 越冬地
- ━ 黄林莺的迁徙路线

科学普及出版社

·北 京·

小黄鸟睡着了。

热带森林，夜晚的空气温暖而又潮湿。蛇悄然出没，蜿蜒而行，蝙蝠拍打着皮革般的翅膀，上下飞舞着，昆虫在黑夜中发出此起彼伏的鸣叫声——这一切并没有惊扰到黄林莺——就连吼猴在高高的树顶上长啸，声音大得如同狮子的怒吼，都没有惊扰到我们的黄林莺。

这就是森林里的声音，也是家的声音。

　　天亮了，披着柠黄色羽毛的小鸟
从睡梦中醒来。叶子上盛积的雨水是
大自然为她准备好的早茶，她喝了两
口，接着连吃了三只毛毛虫，然后嗖
的一声飞到树林边缘。在那里，百花
正沐浴着清晨的第一缕阳光。

　　她来这片雨林已经有五个月了，
在这里，她度过了许多炎热的白天和
温暖的黑夜。但今天，她有一种不同
寻常的感觉，既有一丝紧张，又有一
丝兴奋。她不停地吃，吃了软糯糯的
虫子，又去吃熟透了的浆果。她不停
地吃，却总觉得没吃饱。

　　清晨，小姑娘缓缓地睁开了眼，像往常一样，公鸡"喔喔"的打鸣声叫醒了她。今天，她感觉和平时有点儿不一样，对了，今天不用去上学！丰收季快结束了，山上的种植园里还有没摘完的咖啡豆，她要和家人一起摘完。

　　不一会儿，她和兄弟姐妹、爸爸妈妈、爷爷奶奶就缓步走在了凉爽的树荫下，采摘着成熟的咖啡豆。一群群五颜六色的蝴蝶在他们身旁上下翻飞，一只蜂鸟嗡嗡振翅飞过小姑娘耳边，还有色彩绚烂的鹦鹉在高处叽叽喳喳。

一只小黄鸟箭一般穿过树荫，从小姑娘眼前飞过。

"这是黄林莺，"爷爷说，"他们十一月份就从北方飞来了这里，那时，我们刚刚开始丰收。现在已经是三月份了，我们的丰收即将结束，他们也正要离开。"

"那他们是来吃咖啡豆的吗？"小姑娘问爷爷。

"不，不，孩子，他们吃的是危害咖啡树的昆虫。"

黄林莺的兴奋劲儿一整天都在高涨。终于，太阳落山时，她再也抑制不住了。她振翅而起，却没有飞回舒适的林中小窝，而是飞过树梢，飞向了渐渐昏暗的天空。她要飞回北方了。

　　黄林莺飞了一整夜，又飞了一整夜，接下来的一个星期，她每天夜里都这样不停地飞啊飞。终于，她飞到了尤卡坦半岛一片白色的沙滩上，再往前就是墨西哥湾的海水了。她深知自己需要飞越这片大海，可她也清楚，自己还没准备好。于是，她决定再等一等。

　　两天……三天……五天过去了，她一直在觅食。她得使劲儿吃，一口都不能少。羽毛之下，她的身体慢慢变得结实、圆润了起来。

　　一个星期过去了，她觉得自己已经准备好了。墨西哥湾蔚蓝的海面上，南风呼呼地吹着，太阳落山时，黄林莺乘风而去。

　　黄林莺飞了整整一夜，明亮的星星为她指引着北方。在黑暗中，她听到周围还有成千上万的鸟儿也在向北迁徙。

　　她飞呀飞，红彤彤的太阳从她的右翼冉冉升起，又从她的左翼缓缓落下。

　　对她来说，整场迁徙就像是一场比赛，这场比赛没有终点，也没有休息的地方。但黄林莺却很坚定。这是她的天性，是她的祖先赐予了她力量。

　　她飞呀，飞呀……闪电划破漆黑的夜空，凛冽的风迎面吹来，雨水打湿了她的羽毛。她越飞越低，离漆黑凶险的海面越来越近。虽然感到极度疲惫，但她依然坚定。这就是她的天性。

暴风雨过后的黎明无比宁静，风中飘来了陆地的气味。黄林莺俯视下方，只看到房屋、道路和零星散落的草坪，这里并非她的安居之地。终于，眼前出现了大片层层叠叠的绿色，她翩翩飞落，飞进了凉爽又茂密的花丛和树林中。她收起翅膀，得好好休息一下了。

　　清晨，男孩从睡梦中醒来。他穿好衣服跑到屋外，奶奶正在花园劳作，泥土散发出暖暖的气息。花园里花木簇拥，池塘里的水咕嘟咕嘟地冒着泡泡。他好喜欢这园子里艳丽的色彩和清新的气息啊！

　　"来，帮我一起种下这株红花半边莲吧。"奶奶说着把花根放进小土坑，男孩为它盖上潮湿的泥土。"等到夏天开出了红花，肯定能引来不少蜂鸟！"

　　男孩看见了一抹黄色的身影，他问奶奶："那是只蜂鸟吗？"

　　"不是。那是一只黄林莺，还是我今年春天见到的头一只呢。她肯定是刚刚来到我们这里，千里迢迢从墨西哥飞越大海过来，真不容易！"奶奶摇着头感叹道。不过黄林莺哪有工夫在意他们，园子里有这么多好吃的，她正饿得慌呢！

　　接下来的几个星期里，春意向北蔓延，逼得冬季节节后退。黄林莺亦追随着春天的脚步每晚向北飞行。她曾在沼泽地里歇脚，那里有短吻鳄在游荡，有横斑林鸮在长嚎。

　　再往北去，她还曾飞到农作的乡间，伴着狐狸的尖啸声，在牧场的灌木丛中入梦。

　　终于，尖尖的云杉和深灰色的冷杉连成一片，驼鹿呼哧呼哧地在林中穿行。黄林莺安然入睡。这是森林里的声音，也是家的声音。

　　她飞呀飞……树木变得越来越稀疏，空气中还残留着冬的寒意，背阴处仍有一片片积雪，但阳光已经带来了春天的些许暖意。她知道，自己离目的地不远了。

　　旅途的最后一个早晨，她看到身下有一片湖，湖面宽阔得一眼望不到头。

　　她认得这个地方！正是在这里，她从青草和毛茸茸的植物纤维织成的巢里破壳而出。正是在这里，她搭建了属于自己的小窝，哺育自己的宝宝。也正是在这里，她会遇到新的伴侣——他会身着金黄色的羽衣，胸前还有几条锈红色花纹，唧唧啾啾地对她唱着甜蜜的情歌！

　　女孩睡醒了，一睁开眼便意识到，今天是欢庆的日子！她和爸爸妈妈挤进热闹的政务大楼，人群正在欢呼雀跃！因为他们的族长和政府官员签署了正式文件——这片世世代代养育他们的土地将会得到永久保护。

　　这一汪深邃清澈的湖水会得到保护，夏天时，叔叔曾带着孩子们在这里撒网捕鳟鱼和白鲑鱼；苔原山坡也会得到保护，女孩曾在这里帮妈妈和姑妈采摘美味的蓝莓和云莓；奔流的河水也会得到保护，女孩的父亲曾沿着这条河猎捕北美驯鹿和麝牛，获取一家人过冬要吃的肉。

女孩和父母手牵手走在回家的路上，她看见一只黄色的小鸟一头冲进了湖边的柳树丛里。

还有一只羽毛更加金黄的小鸟，在旁边的树枝上唧唧啾啾地唱着甜蜜的情歌。

女孩开心极了，因为这片土地会得到很好的保护，她的家人能继续在这里安居，鸟儿和其他动物能在这里不被打扰地繁衍生息——它们可都和人类的生存息息相关呢！

　　对于国家公园和人类的事，我们的黄林莺一无所知，她只知道是她的天性带她回到这里。夕阳西下，远方的山脊传来了狼的嗥叫，她的伴侣也唧唧啾啾地唱起了今天的最后一首情歌。

　　这就是森林里的声音，也是家的声音。

你的举手之劳，也能帮助黄林莺和其他候鸟哦！

如今，受人类活动的影响，鸟类栖息地严重丧失，这让原本就充满危险与挑战的迁徙之旅变得更加艰难。但我们能做的有很多，不论是宏大的善举，还是微小的举动，我们每一个人都可以帮助鸟类，为它们的迁徙减少一些困难。

●如果你家有院子，你可以种一些本土的花或树，或是能结出浆果的灌木，为路过的候鸟提供食物和休息的地方。

●打理自家院子里的植物时，避免使用对鸟类有害或致命的杀虫剂等化学品。

●建议相关部门把公园和绿地打造成适宜鸟类栖息的环境，这当然也为市民休闲娱乐提供了好去处。另外，还可以呼吁人们在春季和秋季实行"熄灯"措施，避免鸟儿将大厦里的强光误认为是星空而迎头撞上。

●去了解每年迁徙季会路过你家附近的鸟儿，学一学有关这些鸟儿的知识，因为它们千里迢迢带来了远方的色彩、歌声和问候。还可以参加当地的观鸟活动，从鸟类专家那里学到更多知识。

●在院子里安装一个喂鸟器，可以拉近你和鸟儿的距离，记得选择防止鸟食撒落的款式，否则会引来啮齿类动物。你还可以在专业的网站上学到更多鸟类和观鸟知识，鸟类识别软件可以帮助你通过外形和声音辨别不同种类的鸟儿。

●如果你家养了猫，请把它关在屋里，就算外出也要用牵引绳拴好，并且要看好它。光是在美国，每年就有超过 20 亿只鸟命丧家猫或野猫之口。把猫养在室内不仅有利于保护鸟类，也对猫咪健康更有益处。

●如果你家有人喝咖啡，建议购买经过认证的荫生咖啡。传统的荫生咖啡农场既为多种候鸟提供了优越的栖息地，也为农民提供了可持续生计。而这种优良的传统方式正在被摧毁，取而代之的是低成本、高产量的全日照咖啡。支持那些以可持续方式经营的农场，比如购买带有"鸟类友好"（Bird Friendly®）标志的咖啡。

●一些社区在自然保护方面走在了前列，比如位于加拿大西北地区大奴湖畔的陆采柯社区。由当地原住民陆采柯第一民族、西北地区梅蒂斯民族、德内努魁第一民族和黄刀第一民族共同管理的"祖先之地"国家公园，于2019年建立，占地 14000 平方千米。这片壮美的亚北极地区对于包括黄林莺在内的野生生物和人类来说都至关重要。

致谢

作者和插画作者向提供建议、协助和文化指导的各方表示感谢：
尼加拉瓜荫生咖啡种植者杰斐逊·施赖弗
美国野生生物学家朱伊塔·马丁内斯
加拿大西北地区陆采柯社区居民伊丽丝·卡图利克

图书在版编目（CIP）数据

黄林莺的迁徙之旅 /（美）斯科特·魏登索著；
（美）南希·莱恩绘；马灏译 . -- 北京：科学普及出版
社，2023.9
ISBN 978-7-110-10587-0

Ⅰ . ①黄⋯ Ⅱ . ①斯⋯ ②南⋯ ③马⋯ Ⅲ . ①鸟类 –
迁徙 – 普及读物 Ⅳ . ① Q959.708-49

中国国家版本馆 CIP 数据核字（2023）第 072985 号

北京市版权局著作权合同登记　图字：01-2023-1894

黄林莺的迁徙之旅
HUANGLINYING DE QIANXI ZHI LYU

策划编辑：李世梅	美术编辑：巫 粲
责任编辑：李世梅	责任校对：吕传新
助理编辑：王丝桐	责任印制：马宇晨

出版：科学普及出版社　　　　　　　　　　　　　　　邮编：100081
发行：中国科学技术出版社有限公司发行部　　　　发行电话：010-62173865
地址：北京市海淀区中关村南大街 16 号　　　　　　传真：010-62173081
网址：http://www.cspbooks.com.cn

开本：787mm×1092mm　1/12
印张：3⅓　　　　　　　　　　　　　　　　　　　　字数：70 千字
版次：2023 年 9 月第 1 版　　　　　　　　　印次：2023 年 9 月第 1 次印刷
印刷：北京瑞禾彩色印刷有限公司

书号：ISBN 978-7-110-10587-0 / Q · 290　　　　　　定价：59.00 元